I

EXPOSÉ MÉTHODIQUE DES DIVISIONS INDUSTRIELLES

II

TABLEAUX DES PÉRIODES ET DES ÉPOQUES

III

PLANCHES AVEC CLASSEMENT CHRONOLOGIQUE DES FIGURES

LYON — IMPRIMERIE PITRAT AINÉ, 4, RUE GENTIL

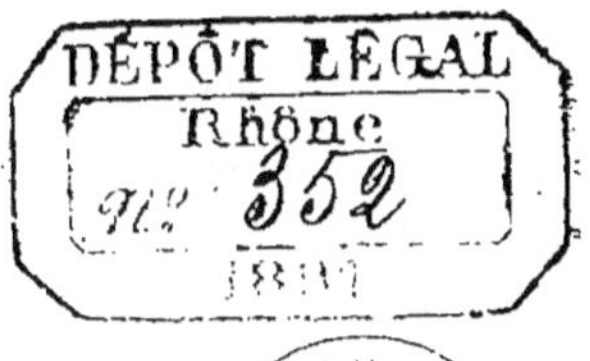

L'AGE DE LA PIERRE

DIVISION INDUSTRIELLE
DE LA PÉRIODE PALÉOLITHIQUE QUATERNAIRE
ET DE LA PÉRIODE NÉOLITHIQUE

J'ai l'honneur de présenter à mes collègues de la *Société d'anthropologie de Lyon*, deux tableaux, accompagnés de planches, contenant : l'un, la division de la période paléolithique quaternaire, et l'autre, la division de la période néolithique.

Le premier tableau s'appuie sur les travaux de MM. d'Ault du Mesnil, Gabriel de Mortillet et d'autres savants. Les études récentes, en France et en Belgique, ont conduit à supprimer l'époque solutréenne, dont l'industrie n'est pas générale, et qui ne forme réellement qu'un passage entre l'époque *moustérienne* et l'époque suivante; ce n'est qu'une transition, comme l'industrie acheuléenne, qui n'est elle-même que le passage entre l'époque *chelléenne* et l'époque moustérienne.

L'industrie recueillie par M. d'Ault du Mesnil dans la couche profonde des travaux du chemin de fer, à Abbeville, avec des débris d'animaux, voisins de ceux du tertiaire, peut être considérée comme la plus ancienne connue des temps quaternaires. En suivant la méthode qui a fait remplacer par le nom de chelléen celui d'acheuléen, admis d'abord après les fouilles de Boucher de Perthes, on serait tenté de remplacer maintenant le mot chelléen par le nom local des découvertes de M. d'Ault du Mesnil; mais l'industrie de Chelles caractérise le plein de la première époque, comme l'industrie moustérienne et l'industrie magdalénienne caractérisent, à leur tour, le plein des deux autres époques. Le nom de chelléen semble donc devoir être conservé.

La division de la période paléolithique quaternaire, ainsi établie en trois époques, paraît solidement constituée ; elle se défend elle-même contre des critiques qui n'ont rien de meilleur à mettre à la place. L'honneur de cette division revient d'abord à M. G. de Mortillet qui, le premier, a systématisé la paléthnologie, comme l'ont très bien dit MM. Hovelacque et Hervé dans leur *Précis d'anthropologie* (p. 354).

Entre les temps quaternaires et les temps néolithiques se placent les stations intermédiaires, de plus en plus nombreuses, qui les soudent, en comblant la prétendue lacune. Parmi ces gisements de transition, on peut citer ceux de Delémont (Suisse), Nermont (Yonne), Long-Rocher de Fontainebleau (Seine-et-Marne), Allondans, Châtaillon, Roche-Dane (Doubs), Villarodin-Bourget (Savoie), Sordes (Landes), Yport (Seine-Inférieure), Manneville-sur-Risle (Eure-et-Loir), Bologoge (Russie). A Delémont, les silex d'aspect magdalénien sont accompagnés d'os de cerf ordinaire, dans le voisinage d'une station distincte où les mêmes silex sont accompagnés d'os de renne ; à la base de la grotte de Nermont et dans l'atelier des Hogues, à Yport, les silex de formes magdaléniennes sont associés à des tranchets ; à Bologoge, l'industrie campignienne a été recueillie entre des silex magdaléniens, dans la couche inférieure, et l'industrie chasséo-robenhausienne, dans la couche supérieure. Le contact des deux périodes est là.

Le second tableau renferme la division de la période néolithique en trois époques, dont j'ai eu le premier l'idée, qu'il me soit permis de le rappeler, mais en demandant à tous mes collègues un sévère contrôle.

Dès 1878 (*Dictionnaire archéologique de l'Yonne*, p. VII), je considérais les tranchets de silex, récoltés depuis longtemps dans la région de la forêt d'Othe et ailleurs, comme le résultat des premiers efforts de l'homme à la recherche du tranchant de la hache. Les Danois considèrent eux-mêmes comme leurs plus anciens instruments néolithiques les tranchets ou coupoirs de leurs premiers amas de coquilles comestibles. M. G. de Mortillet, dans son *Préhistorique* (p. 518), parlant des stations nombreuses riches en tranchets, a dit excellemment qu' « elles pourraient bien représenter en France le commencement » des temps néolithiques.

Depuis longtemps tous les palethnologistes pensaient que la période néolithique ne pouvait rester sans division, puisqu'elle offrait des différences industrielles, c'est-à-dire des étapes véritables permettant de la systématiser aussi et facilitant l'ordre dans les collections.

En 1886, j'ai été chargé d'écrire l'article Néolithique dans le *Dictionnaire des sciences anthropologiques ;* c'était l'occasion de chercher à partager cette période au mieux, d'après les connaissances du moment.

La station du Campigny (Seine-Inférieure), signalée par MM. de Morgan, avait été très bien étudiée ; elle renfermait en abondance des tranchets, des pics et d'autres instruments de silex grossièrement taillés, de la poterie grossière et en même temps elle était très pauvre en haches polies ; elle se trouvait ainsi tout indiquée pour donner son nom à l'époque qui a précédé le développement du polissage. J'ai cru pouvoir désigner cette première division sous le nom de campinienne, ou mieux *campignienne*, pour éviter toute confusion avec la région belge appelée Campine ; d'autant mieux que les tranchets abondent aussi en Belgique, notamment dans la station de Ghlin, ce qui semble marquer le chemin suivi par cette industrie depuis l'Europe occidentale jusqu'en Scandinavie et jusqu'au lac Ladoga.

Cette coupure *campignienne* a été adoptée par M. Gabriel de Mortillet dans son livre sur les *Origines de la chasse, de la pêche et de l'agriculture* (t. I, p. 3) et par M. Adrien de Mortillet dans le cours qu'il professe à l'École d'anthropologie de Paris ; je pourrais citer l'adhésion explicite ou implicite d'autres savants, en France et à l'étranger.

La période néolithique avait été longtemps présentée avec l'unique et uniforme caractère de la station de Robenhausen (Suisse), si bien que robenhausien et néolithique étaient devenus synonymes ; c'était une période sans division. Des observations nombreuses et attentives ont fait reconnaître une première époque, vers la fin de laquelle le polissage se rencontrait, mais rare et timide ; puis il s'est développé considérablement, avec d'autres progrès, partout, sur la terre ferme comme à Robenhausen ; cette dernière station, entièrement lacustre, ne montrait

toutefois les progrès accomplis que dans les bien exceptionnelles
habitations sur pilotis ; les stations terrestres équivalentes, de beaucoup les plus nombreuses, n'étaient pas indiquées sous un nom qui
semblait trop restreint ; j'ai pensé qu'il était facile de remédier à
cet inconvénient en associant au mot robenhausien le nom d'une
station de terre ferme réputée pour son degré correspondant de
civilisation ; j'ai choisi la localité de Chassey (Saône-et-Loire),
mise en lumière par le regretté Ernest Perrault, et j'ai, de la sorte,
formé l'époque *chasséo-robenhausienne ;* j'espère qu'aucun repro-
che ne sera fait à cette désignation commune aux stations
terrestres et aux stations lacustres du milieu de la période
néolithique.

Si, à ces temps moyens de la période que caractérise entre autres
choses le commencement des inhumations, des développements
s'étaient produits, des perfectionnements s'étaient fait remarquer
dans des branches diverses, une manifestation de la plus grande
importance est venue cependant ouvrir une troisième époque, je
veux parler de l'origine de l'architecture, de l'érection des
menhirs et des dolmens, avec une certaine variété dans les monuments mégalithiques, avec la gravure, la sculpture et un rudiment
de statuaire.

Pour cette dernière division, j'ai emprunté le nom de la localité
de Carnac, dépendant d'une région où fleurissent tout particuliè-
rement encore les œuvres de la population néolithique finissante
sur le point d'entrer dans l'ère des métaux.

Je serais heureux si j'avais pu apporter quelques éclaircisse-
ments dans ces intéressantes questions, surtout pour la période
néolithique.

Je ne veux pas terminer sans signaler à l'attention deux opinions
extraites : l'une, du *Catalogue général officiel de l'Exposition
rétrospective du travail et des sciences anthropologiques,*
en 1889 (p. 93), et l'autre, d'un *Compte rendu du Congrès inter-
national d'archéologie et d'anthropologie préhistoriques,* tenu
à Paris la même année (p. 27).

L'auteur du premier passage est M. Cartailhac ; j'en citerai
seulement la substance ; la période néolithique y est clairement
partagée en trois époques : la première correspondant aux tranchets et autres instruments grossiers, la seconde au développement
du polissage et la troisième au développement du culte des morts,

avec monuments mégalithiques; on dirait ces divisions calquées sur les miennes.

La seconde opinion émane de M. Sophus Muller, le sympathique savant scandinave; elle est beaucoup plus explicite. « En Dane-mark, M. Sophus Muller reconnaît une première époque bien définie, celle des amas de coquilles; les ustensiles propres à cette époque, parmi lesquels on distingue principalement des tranchets. et des haches à tranchant taillé et non poli, ne se trouvent jamais dans les sépultures; dans l'ouest de l'Europe, ils ne se rencontrent que dans les stations et doivent être partout les restes de la plus ancienne civilisation néolithique.

« La deuxième époque est représentée par des formes plus déve-loppées, parmi lesquelles des haches et des ciseaux à tranchant poli; on ne les trouve que très rarement en Danemark dans les tombeaux, tandis qu'en France ces formes sont communes dans les mobiliers funéraires. Ces types intermédiaires, en Danemark, aux amas de coquilles et aux monuments mégalithiques, doivent être dérivés de l'ouest de l'Europe, où l'on érigeait déjà de grands tombeaux en pierre.

« La troisième époque est celle des monuments mégalithiques qui contiennent de nombreux objets propres au Nord, bien que les formes en soient souvent dérivées de types étrangers. Cette civilisation doit être plus jeune que celle de l'Ouest, où les monuments de même nature contiennent des types industriels plus anciens. »

C'est avec toute raison que M. Sophus Muller tient compte de cer-taines différences chronologiques entre les deux pays; mais l'évo-lution a été identique, on ne saurait le démontrer mieux que lui.

En résumé, si l'époque *campignienne* a obtenu l'approbation de plusieurs savants en France, en Belgique, en Italie et en Russie, l'époque *carnacéenne* est parfaitement définie dans le Mémoire de M. Sophus Muller; nul doute que les inhumations aient conti-nué dans les sépultures mégalithiques, au commencement de l'âge du bronze, c'est le sort de toutes les époques finissantes d'être pénétrées par les civilisations nouvelles; mais à titre de transition seulement. La crémation n'a, d'ailleurs, pas tardé à régner en maîtresse.

Depuis mon article de 1886 et depuis l'Exposition de la Société l'École et du Laboratoire d'anthropologie de Paris, en 1889, beaucoup de personnes compétentes estiment que, si une coupure est justifiée, c'est assurément celle à laquelle j'ai donné le nom de *carnacéenne ;* les monuments mégalithiques, à l'égal des outils usuels, sont une industrie bien définie, très caractéristique, très abondante et très facile à distinguer dans des gisements qui couvrent pour ainsi dire l'Europe occidentale entière, l'Angleterre, la Scandinavie, etc. J'ai l'espérance que les savants restés indécis, ou qui suspendent encore leur jugement, se rendront bientôt à l'évidence.

Quant à l'époque intermédiaire, l'époque *chasséo–robenhausienne,* le nom semble ne pouvoir soulever aucune espèce de contradiction.

PÉRIODE PALÉOLITHIQUE QUATERNAIRE

ÉPOQUE CHELLÉENNE

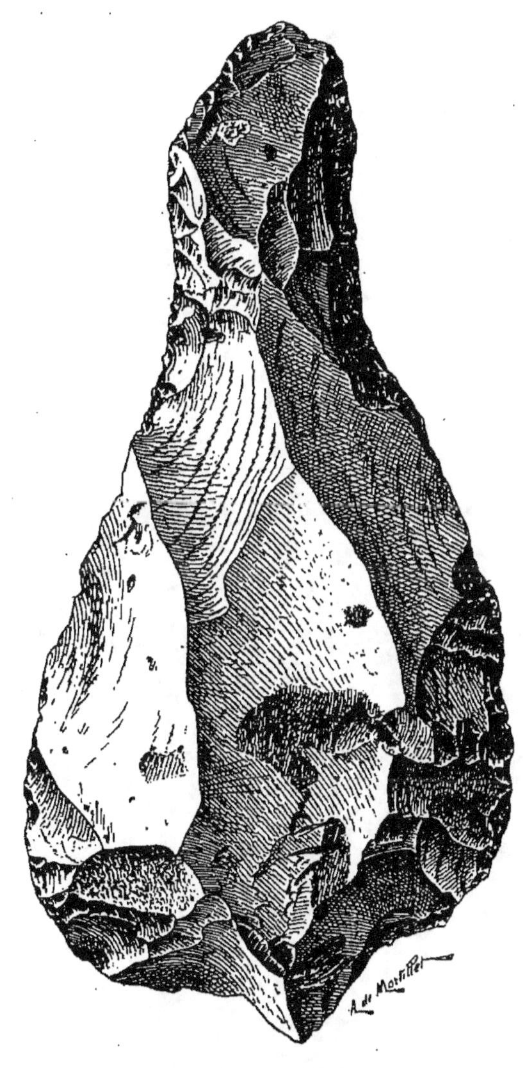

Instrument de silex, amygdaloïde, grossièrement taillé sur les deux faces. Quaternaire inférieur d'Abbeville (Somme). COLL. D'AULT DU MESNIL (2/3).

PÉRIODE PALÉOLITHIQUE QUATERNAIRE

ÉPOQUE CHELLÉENNE

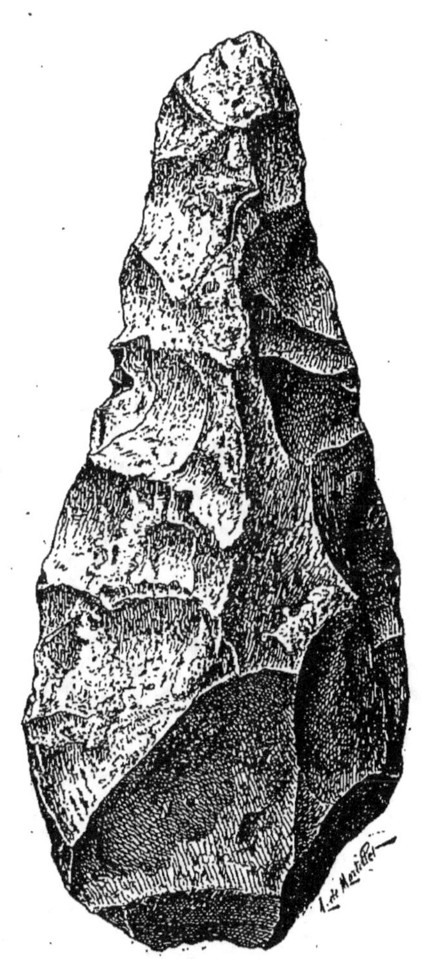

Instrument de silex, amygdaloïde, grossièrement taillé sur les deux faces. Carrières de Chelles (Seine-et-Marne). COLL. ADRIEN DE MORTILLET (2/3).

PÉRIODE PALÉOLITHIQUE QUATERNAIRE

TRANSITION DE L'ÉPOQUE CHELLÉENNE A L'ÉPOQUE MOUSTÉRIENNE

1

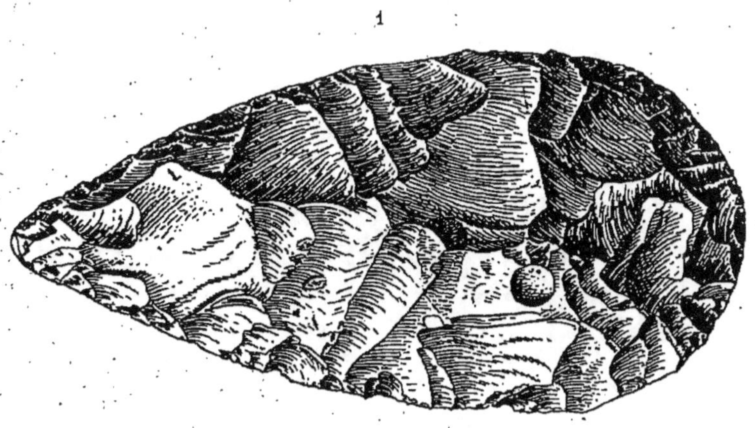

2

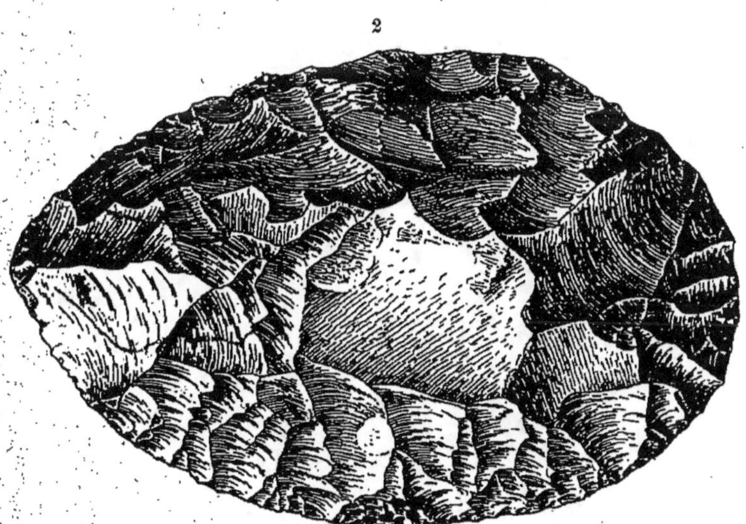

1. Instrument de silex, amygdaloïde, taillé sur les deux faces, à petits coups.
Quaternaire moyen d'Abbeville (Somme). Assise inférieure. COLL. D'AULT DU MESNIL (2/3).

2. Instrument de silex, plat, amygdaloïde, taillé sur les deux faces,
à petits coups. Villiers-Louis (Yonne). COLL. FEINRUX (2/3).

PÉRIODE PALÉOLITHIQUE QUATERNAIRE

TRANSITION DE L'ÉPOQUE CHELLÉENNE A L'ÉPOQUE MOUSTÉRIENNE

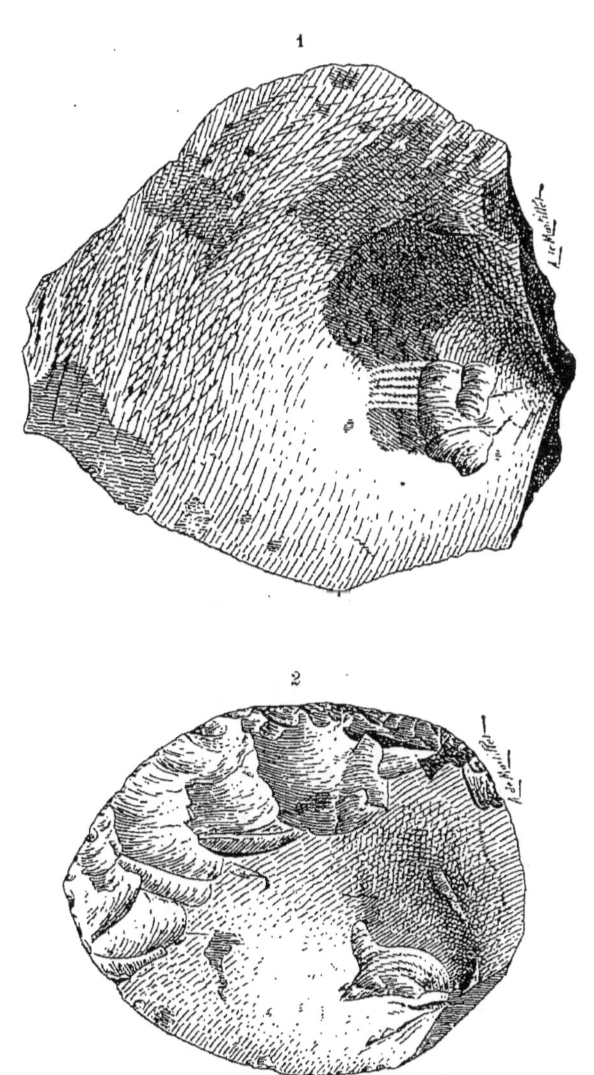

1. Éclat de percussion. Silex. Quaternaire moyen d'Abbeville (Somme).
Assise moyenne. COLL. D'AULT DU MESNIL (2/3).

2. Instrument de silex, amygdaloïde, formé d'un éclat de percussion, taillé
sur les deux faces, à petits coups. Montières (Somme). COLL. ADRIEN DE MORTILLET (2/3).

PÉRIODE PALÉOLITHIQUE QUATERNAIRE

ÉPOQUE MOUSTÉRIENNE

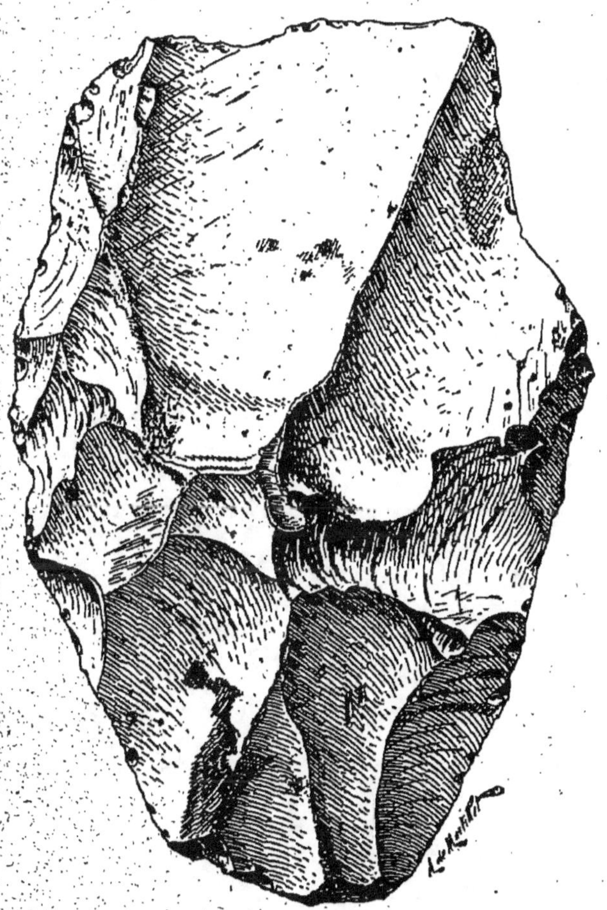

Instrument de silex, formé d'un grand éclat de percussion, retouché de dessous en dessus. Face dorsale. Quaternaire moyen d'Abbeville (Somme). Assise moyenne. Coll. D'Ault du Mesnil (2/3).

PÉRIODE PALÉOLITHIQUE QUATERNAIRE

ÉPOQUE MOUSTÉRIENNE

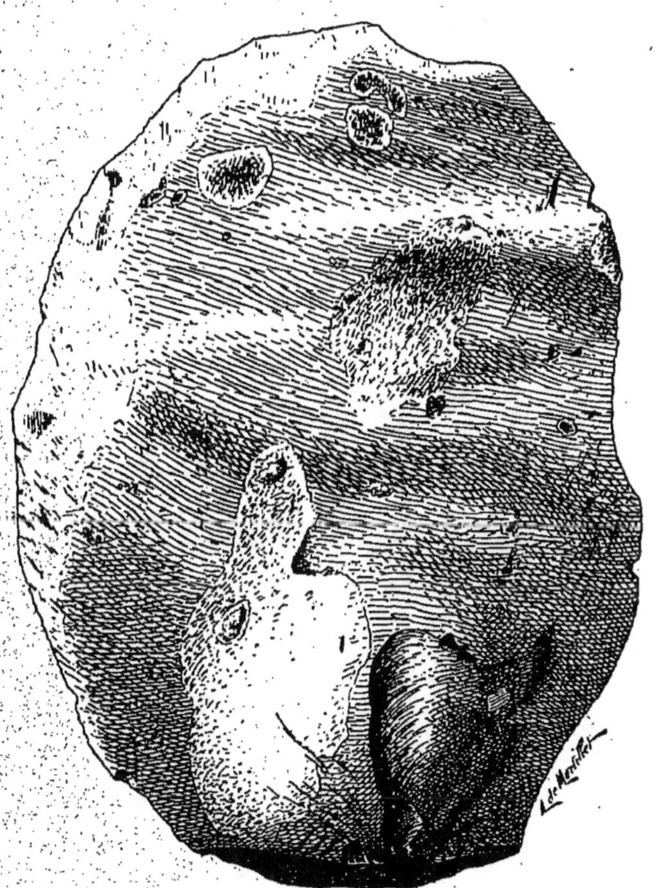

Instrument de silex, formé d'un grand éclat, retouché de dessous en dessus. Face du conchoïde de percussion. Levallois (Seine). COLL. PHILIPPE SALMON (2/3).

PÉRIODE PALÉOLITHIQUE QUATERNAIRE

ÉPOQUE MOUSTÉRIENNE

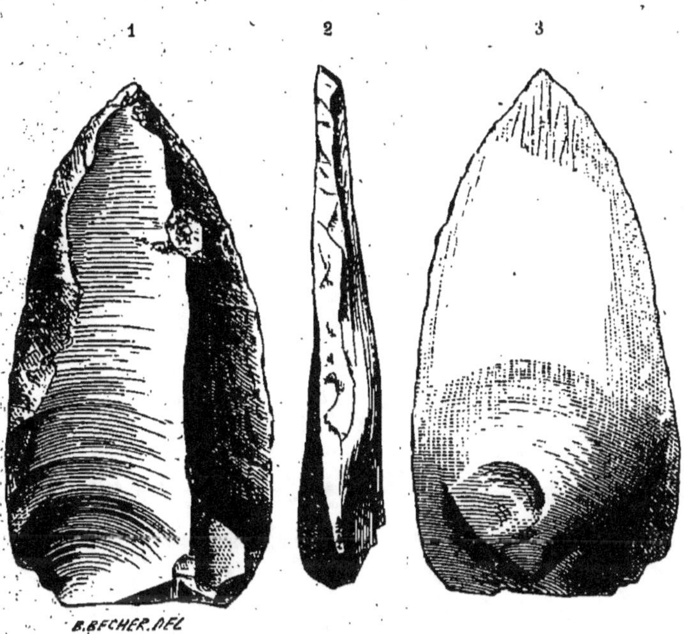

1, 2, 3. Pointe de silex, formée d'un éclat de percussion, retouchée sur une seule face, de dessous en dessus. Face dorsale, épaisseur et face du conchoïde. Le Moustier (Dordogne) G. N.

4. Racloir de silex. Le Moustier (Dordogne). COLL. ADRIEN DE MORTILLET (2/3).

PÉRIODE PALÉOLITHIQUE QUATERNAIRE

ÉPOQUE MOUSTÉRIENNE

1

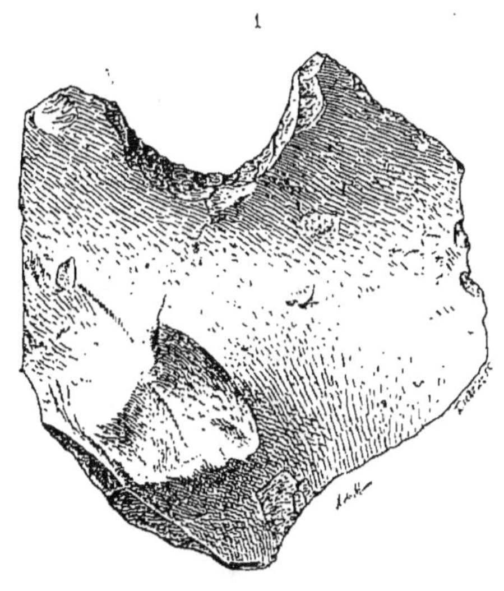

2

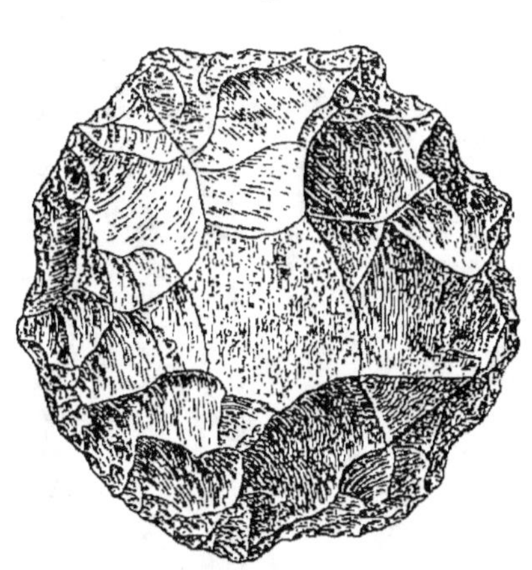

1. Grattoir concave de silex. Environs de Bergerac (Dordogne).
COLL. ADRIEN DE MORTILLET (2/3).

2. Disque de silex. Beauvais, commune de Bessay (Indre-et-Loire).
Musée de Saint-Germain (1/2). — G et A. de Mortillet *(Musée préhistorique)*.

PÉRIODE PALÉOLITHIQUE QUATERNAIRE

TRANSITION DE L'ÉPOQUE MOUSTÉRIENNE A L'ÉPOQUE MAGDALÉNIENNE

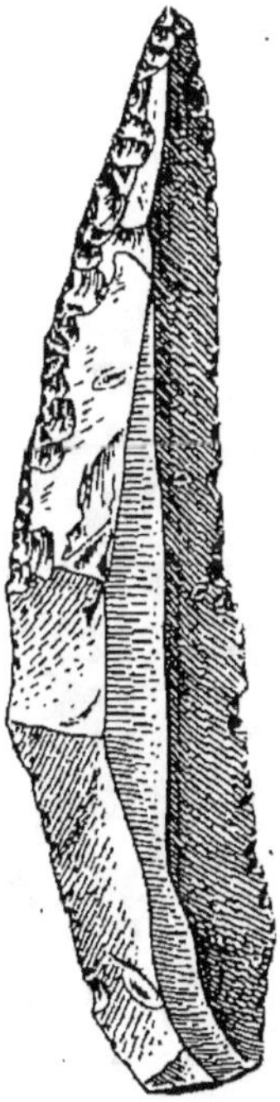

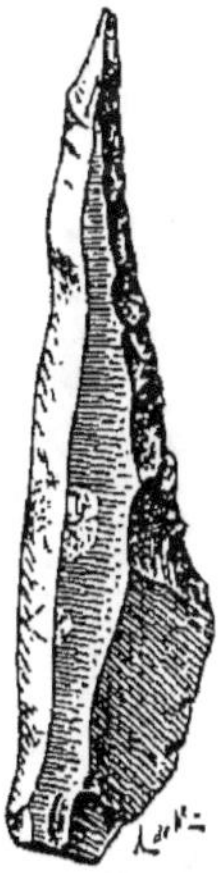

1. Lame longue de silex taillé. Quaternaire moyen d'Abbeville (Somme). Assise supérieure. COLL. D'AULT DU MESNIL (2/3).

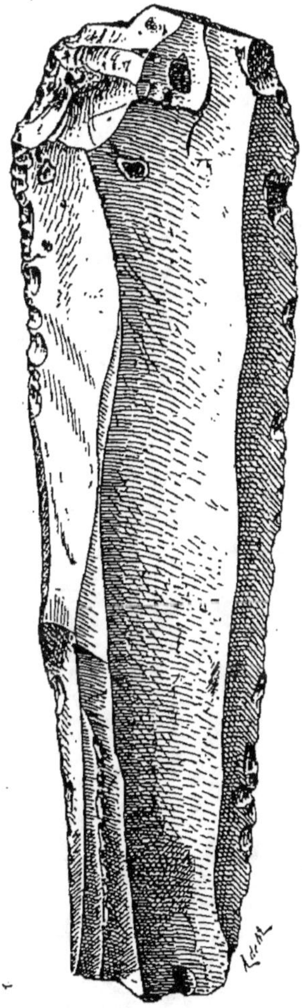

2, 3. Pointes de silex. Quaternaire supérieur d'Abbeville (Somme). COLL. D'AULT DU MESNIL (2/3).

PÉRIODE PALÉOLITHIQUE QUATERNAIRE

TRANSITION DE L'ÉPOQUE MOUSTÉRIENNE A L'ÉPOQUE MAGDALÉNIENNE

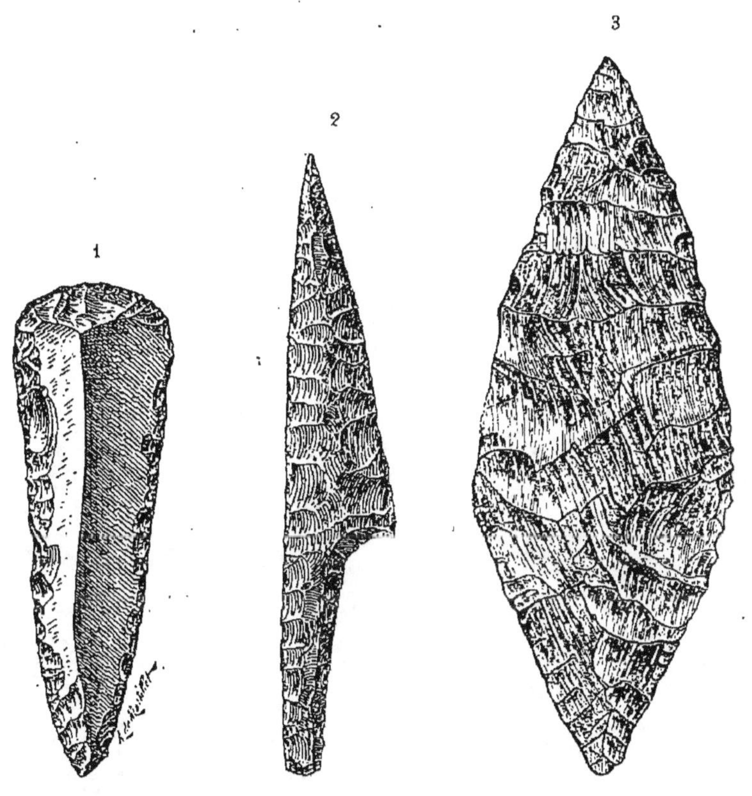

1. Grattoir de silex. Cro-Magnon, Les Eyzies (Dordogne).
COLL. ADRIEN DE MORTILLET (2/3).

2. Pointe de silex à cran. Grotte du Placard (Dordogne).
COLL. DE MARET (G. N.).

3. Pointe de silex. Solutré (Saône-et-Loire). G. N.

PÉRIODE PALÉOLITHIQUE QUATERNAIRE

ÉPOQUE MAGDALÉNIENNE

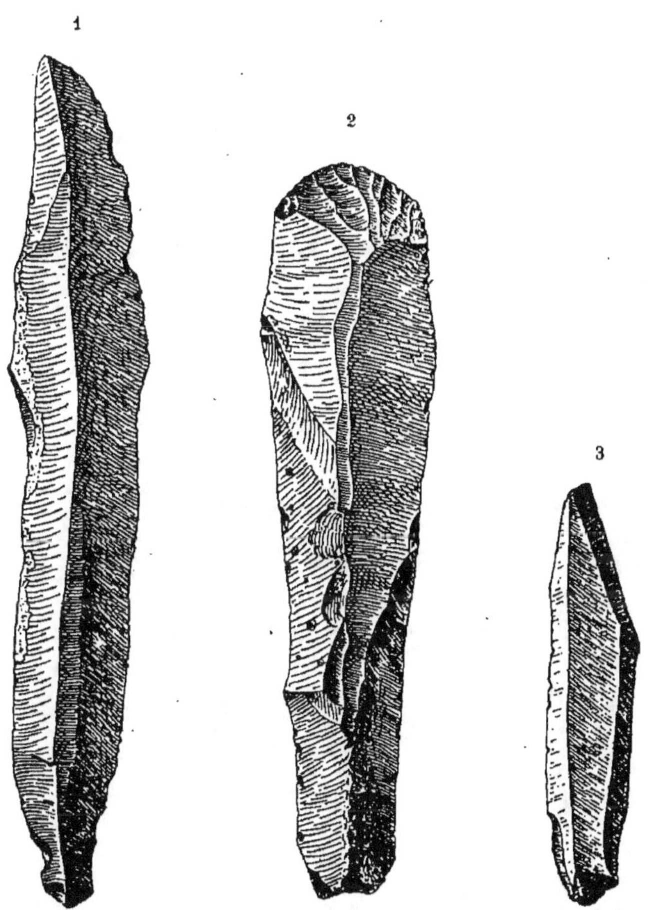

1. Lame de silex. La Madeleine (Dordogne). Musée de Saint-Germain (2/3). —
G. et A. de Mortillet (*Musée préhistorique*).

2. Grattoir de silex. La Madeleine (Dordogne). Musée de Saint-Germain (2/3). —
G. et A. de Mortillet (*Musée préhistorique*).

3. Burin de silex (2/3). La Madeleine (Dordogne).

PÉRIODE PALÉOLITHIQUE QUATERNAIRE

ÉPOQUE MAGDALÉNIENNE

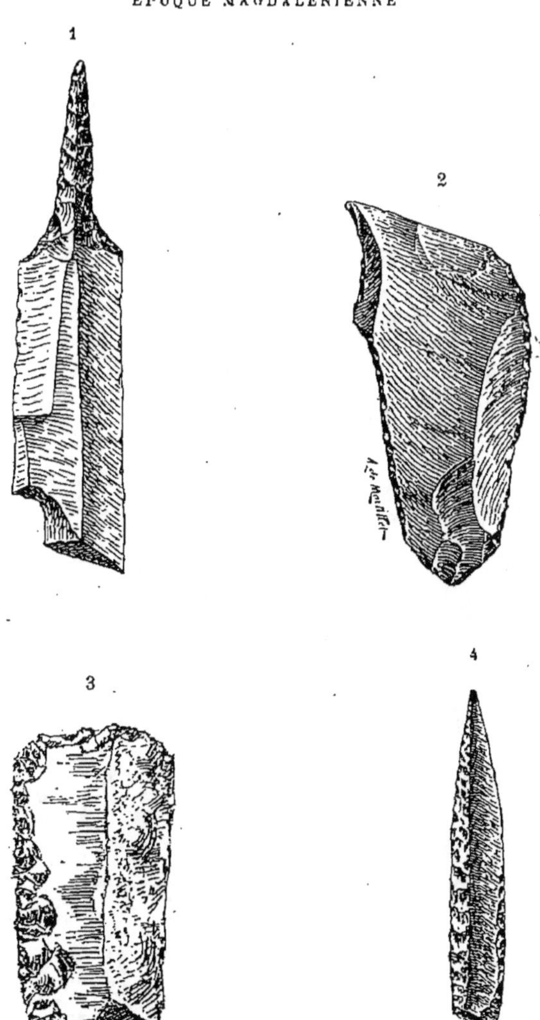

1. Perçoir de silex. Grotte de l'Église (Dordogne). Musée de Saint-Germain (2/3).
— G. et A. de Mortillet *(Musée préhistorique)*.

2. Bec de perroquet. Silex. Abri de Soucy, Lalinde (Dordogne).
COLL. ADRIEN DE MORTILLET (2/3).

3. Scie de silex. Grotte de l'Église (Dordogne). COLL. CAPITAN (2/3).

4. Pointe de calcédoine à dos abattu. Bruniquel (Tarn-et-Garonne).
Musée de Saint-Germain (2/3). — G. et A. de Mortillet *(Musée préhistorique)*.

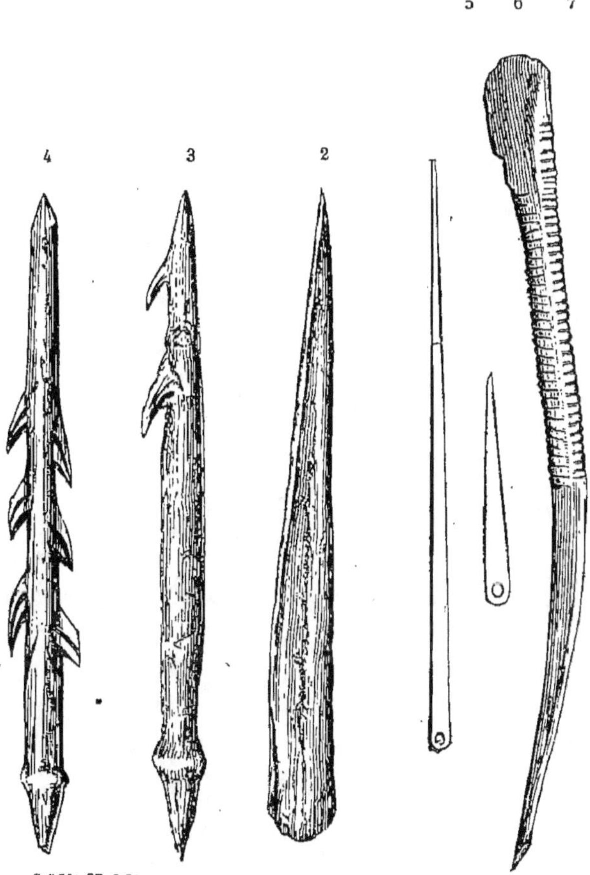

1. Poignard en os avec petites coches. Grotte de Pair non Pair (Gironde). COLL. DALEAU (G. N.).

2. Pointe de lance en corne de renne, sans barbelures. Gorge d'Enfer (Dordogne). Lartet et Christy (1/2).

3. Pointe ou harpon en os, à barbelures unilatérales. Gorge d'Enfer (Dordogne). Lartet et Christy (1/2).

4. Pointe ou harpon en os, à barbelures bilatérales. Gorge d'Enfer (Dordogne). Lartet et Christy (1/2).

5. Pointe courbe en os avec petites coches. Vallée de la Vezère (Dordogne). Lartet et Christy (G. N.).

6, 7. Aiguilles en os (G. N.). La Madeleine (Dordogne).

PÉRIODE PALÉOLITHIQUE QUATERNAIRE

ÉPOQUE MAGDALÉNIENNE

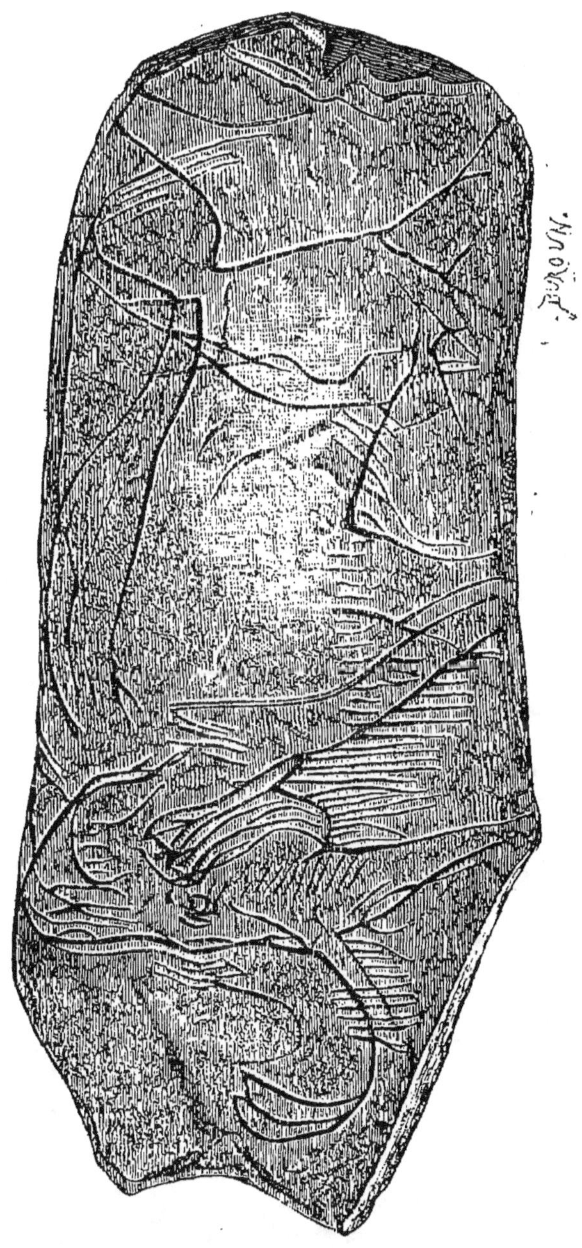

Mammouth gravé sur plaque d'ivoire. La Madeleine (Dordogne).
Muséum d'histoire naturelle de Paris.

PÉRIODE PALÉOLITHIQUE QUATERNAIRE

ÉPOQUE MAGDALÉNIENNE

1

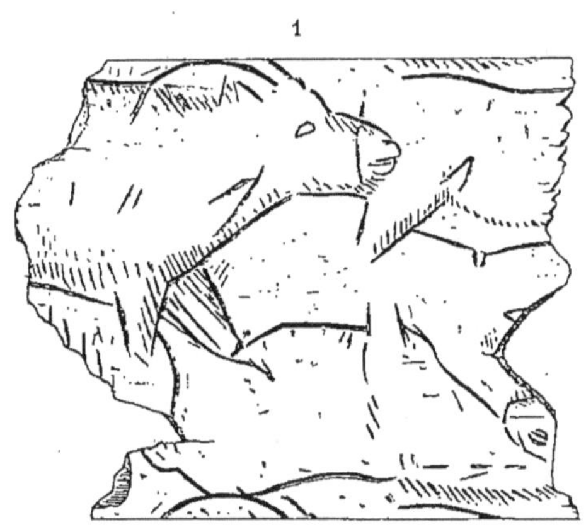

2

1. Bouquetin et cheval gravés sur os d'oiseau. Développement de la gravure.
Grotte d'Arudy (Hautes-Pyrénées). COLL. ADRIEN DE MORTILLET (G. N.).

2. Grand ours des cavernes gravé sur un caillou roulé de roche cristalline.
Grotte de Massat (Ariège). COLL. GARRIGOU (1/2) — G. et A. de Mortillet.
(Musée préhistorique).

PÉRIODE PALÉOLITHIQUE QUATERNAIRE

ÉPOQUE MAGDALÉNIENNE

1. Manche de poignard en os sculpté, représentant un renne. Laugerie-Haute (Dordogne). Musée de Saint-Germain (1/2).

2, 3, 4. Sculpture en bois de conifère représentant un bupreste, deux trous pour la suspension. Grotte du trilobite, Arcy-sur-Cure (Yonne). Coll. Ficatier (G. N.).

5, 6. Trilobite fossile *(Dalmanites)*, deux trous pour la suspension. Grotte du tribolite, Arcy-sur-Cure (Yonne). Coll. Ficatier (G. N.).

CONTACT DE L'INDUSTRIE PALÉOLITHIQUE QUATERNAIRE
ET DE L'INDUSTRIE NÉOLITHIQUE

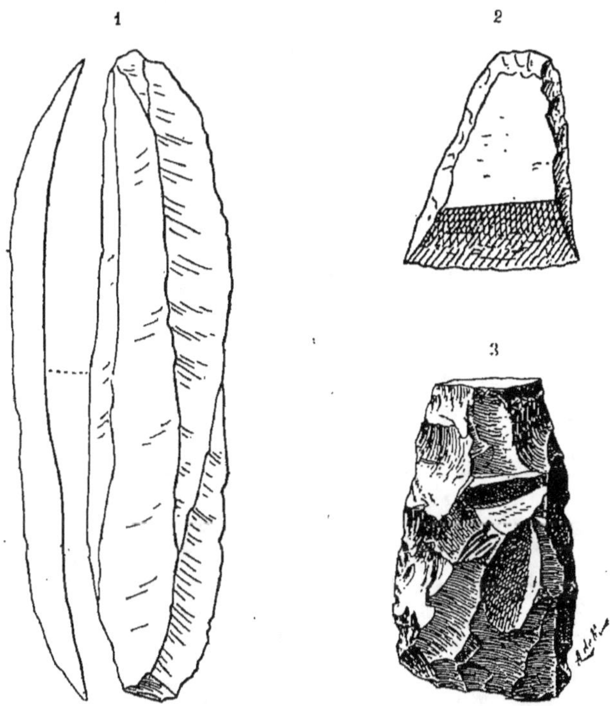

1. Lame de silex, travail magdalénien, recueillie dans la caverne de Liesberg, avec des débris de renne et de bouquetin. Delémont (Suisse). COLL. QUIQUEREZ (2/3).

2. Tranchet de silex, travail campignien, recueilli dans une fouille à Bellerive, avec des lames d'aspect magdalénien identiques à celle de la figure n°1 ci-dessus, avec des débris de cerf ordinaire, de chevreuil et de plusieurs autres animaux de la faune actuelle. Delémont (Suisse). COLL. QUIQUEREZ (G. N.).

3. Tranchet de silex, travail campignieu, recueilli par M. Poutjatine, dans la couche moyenne d'un gisement dont la base renfermait de l'industrie d'aspect magdalénien et la partie supérieure de l'industrie chasséo-robenhausienne. Bologoge (Russie). COLL. DE L'ECOLE D'ANTHROPOLOGIE (2/3).

CONTACT DE L'INDUSTRIE PALÉOLITHIQUE QUATERNAIRE
ET DE L'INDUSTRIE NÉOLITHIQUE

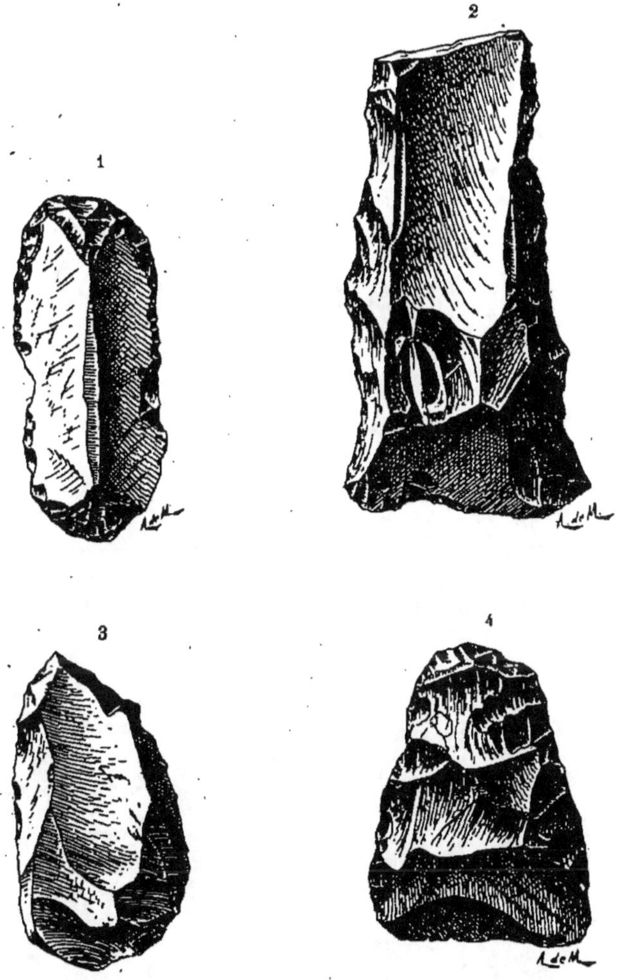

1. Grattoir double de silex, travail magdalénien, recueilli dans la station intermédiaire des Hogues, avec le tranchet suivant. Yport (Seine-Inférieure). COLL. CAPITAN (2/3).

2. Tranchet de silex, travail campignien, recueilli dans la même station intermédiaire, avec le double grattoir précédent. COLL. CAPITAN (2/3).

3. Burin de silex, forme improprement appelée taraud, recueilli dans la station intermédiaire de Manneville-sur-Risle (Eure), avec le tranchet suivant. COLL. CAPITAN (2/3)

4. Tranchet de silex, travail campignien, recueilli dans la même station intermédiaire, avec le burin précédent. COLL. CAPITAN (2/3).

PÉRIODE NÉOLITHIQUE

ÉPOQUE CAMPIGNIENNE

1. Tranchet de silex. Le Campigny (Seine-Inférieure). Musée de Saint-Germain (2/3). —
G. et A. DE MORTILLET *(Musée préhistorique).*

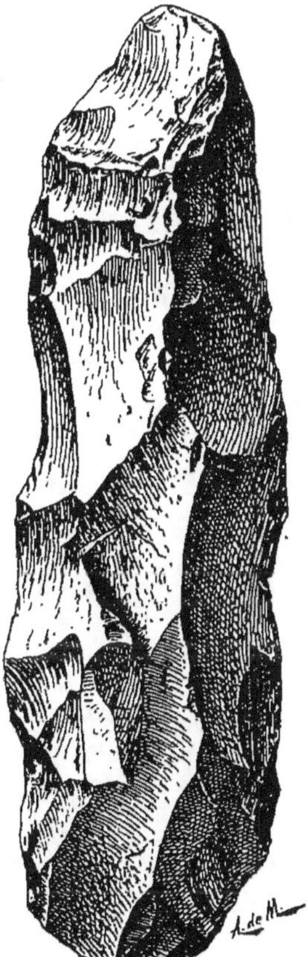

2. Tranchet de silex. Base de la grotte de Nermont, Saint-Moré (Yonne).
COLL. FICATIER (2/3).

3. Tranchet de silex. Abbeville (Somme). Couche de sable supérieure à la tourbe.
COLL. D'AULT DU MESNIL (2/3).

4. Pic de silex. Puits de Champignolles, Sérifontaine (Oise). COLL. ÉMILE COLLIN (2/3).

PÉRIODE NÉOLITHIQUE

ÉPOQUE CHASSÉO-ROBENHAUSIENNE

1

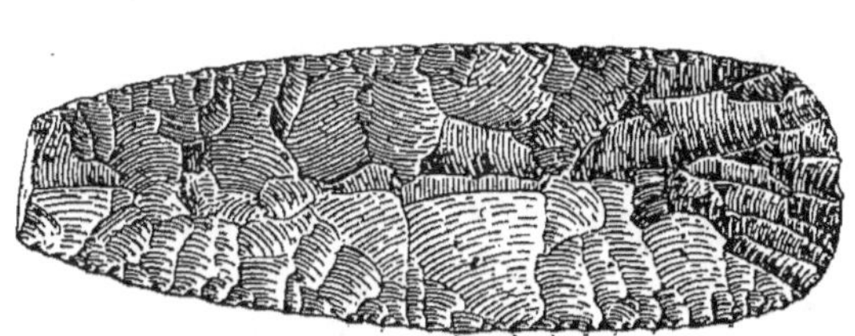

2

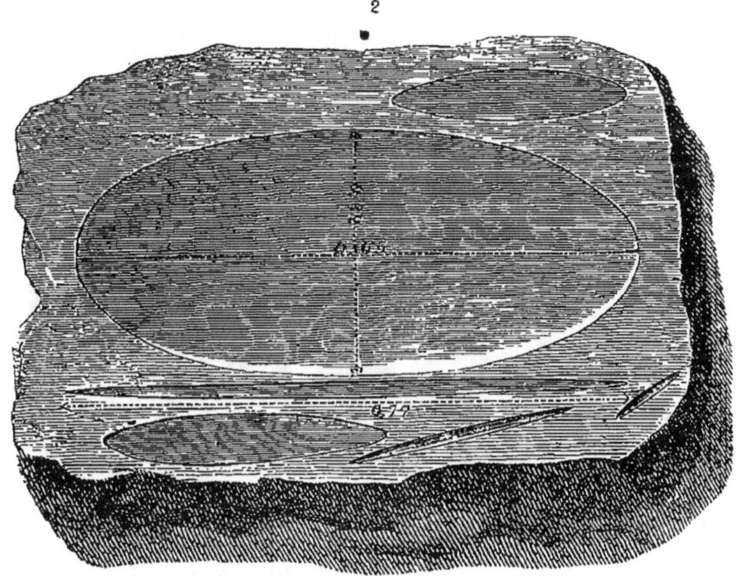

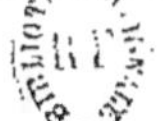

1. Ebauche de hache de silex (Oise). Musée de Saint-Germain (1/3). —
G. et A. DE MORTILLET *(Musée préhistorique)*.

2. Polissoir de grès. La-Varenne-Saint-Maur (Seine). COLL. LEGUAY.

PÉRIODE NÉOLITHIQUE

ÉPOQUE CHASSÉO-ROBENHAUSIENNE

1

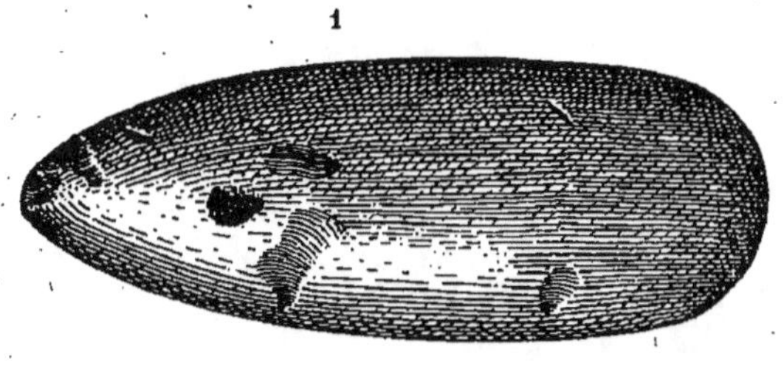

2

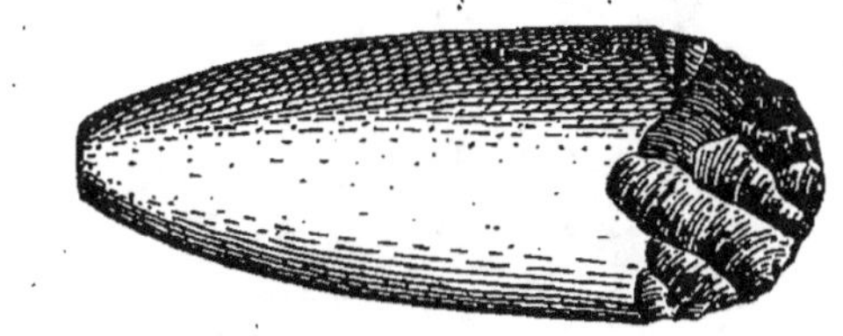

3

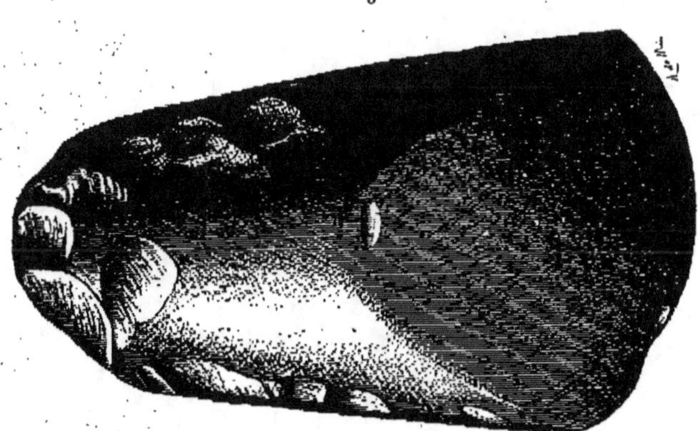

1. Hache polie de silex. Le Vésinet (Seine-et-Oise) Musée de Saint-Germain (1/3).
— G. et A. DE MORTILLET *(Musée préhistorique)*.

2. Hache polie de silex, retaillée et non repolie (Vienne). Musée de Poitiers (1/3).
— G. et A. DE MORTILLET *(Musée préhistorique)*.

3. Hache polie de silex, retaillée et repolie. Bray-les-Mareuil,
près d'Abbeville (Somme). COLL. D'AULT DU MESNIL (2/3).

PÉRIODE NÉOLITHIQUE

ÉPOQUE CHASSÉO-ROBENHAUSIENNE

1

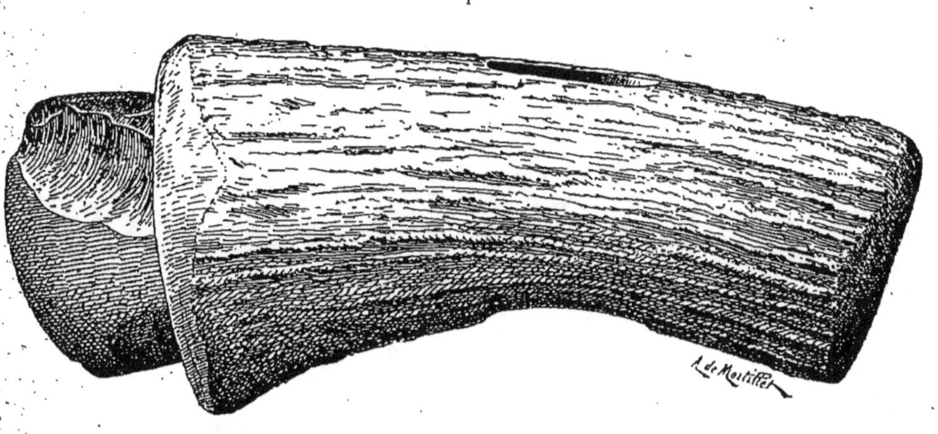

2

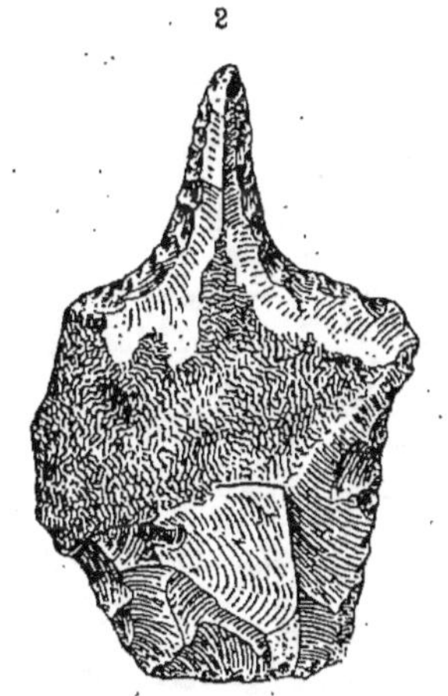

3

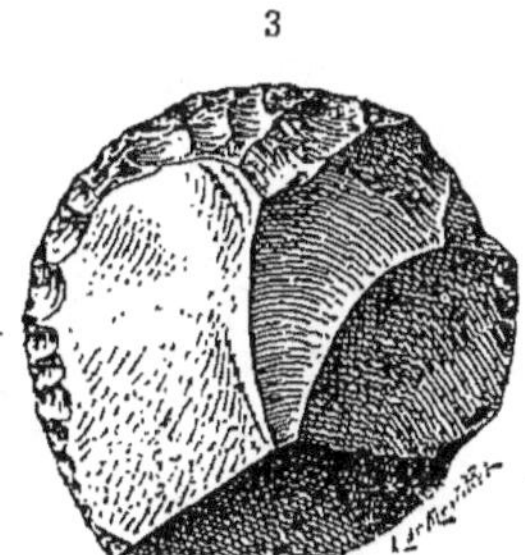

1. Hache de silex poli dans sa gaine de bois de cerf, Abbeville (Somme).
Tourbières. Coll. d'Ault du Mesnil (2/3).

2. Perçoir de silex. Saint-Mards-en-Othe (Aube). Musée de Saint-Germain (2/3). —
G. et A. de Mortillet *(Musée préhistorique)*.

3. Grattoir de silex. Camp de Catenoy (Oise). Musée de Saint-Germain (2/3). —
G. et A. de Mortillet *(Musée préhistorique)*.

PÉRIODE NÉOLITHIQUE

ÉPOQUE CHASSÉO-ROBENHAUSIENNE

1. Ecrasoir de silex. Crécy-en-Brie (Seine-et-Marne). COLL. THIEULLEN (2/3).

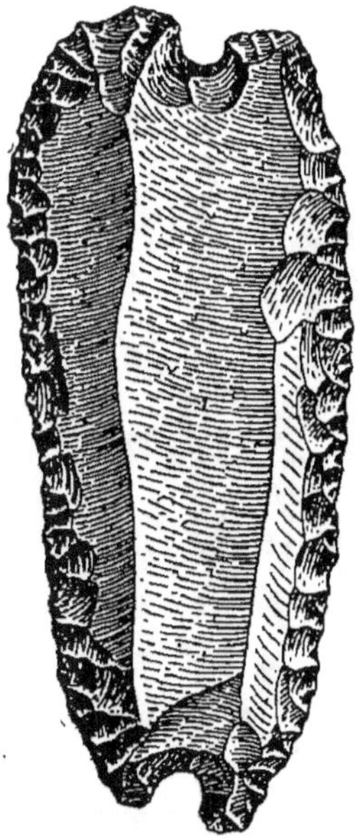

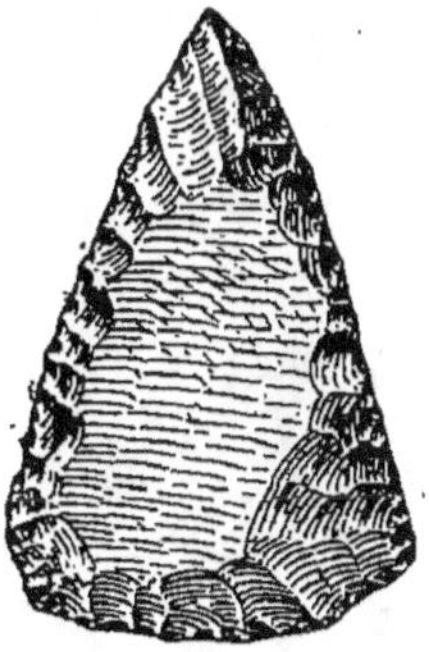

2. Scie à coches, silex. Huisseau (Loir-et-Cher). COLL. DE L'ECOLE D'ANTHROPOLOGIE (2/3).
— G. et A. DE MORTILLET *(Musée préhistorique)*.

3. Pointe de flèche, silex (Loir-et-Cher). COLL. DE L'ECOLE D'ANTHROPOLOGIE (G. N.) —
G. et A. DE MORTILLET *(Musée préhistorique)*.

4. Pointe de flèche, silex. Dolmen du Genévrier (Aveyron). Musée
de Saint-Germain (G. N.). — G. et A. DE MORTILLET *(Musée préhistorique)*.

5 Pointe de flèche, silex (Loir-et-Cher). COLL. DE L'ECOLE D'ANTHROPOLOGIE (G. N.)
— G. et A. DE MORTILLET *(Musée préhistorique)*.

PÉRIODE NÉOLITHIQUE

ÉPOQUE CHASSÉO-ROBENHAUSIENNE

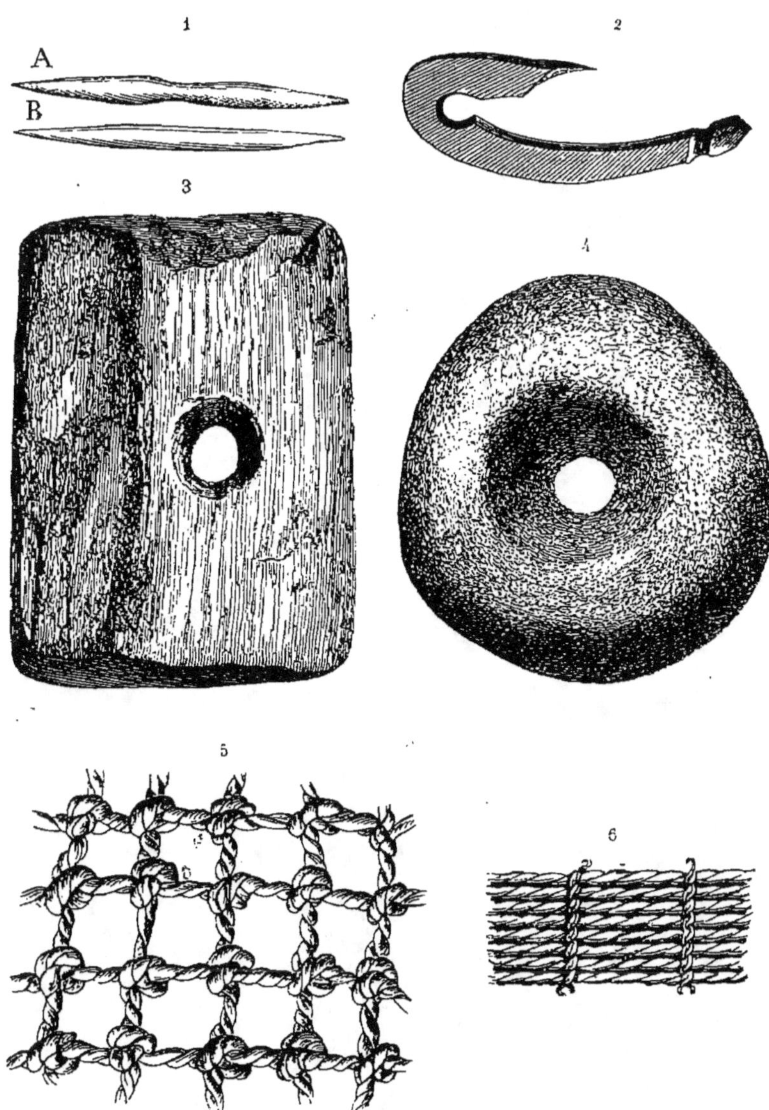

1. Hameçons droits en os (G. N.). Wangen (Suisse).

2. Hameçon courbe en défense de sanglier (G. N.). Moosseedorf (Suisse).

3. Flotteur en écorce de pin (G. N.). Robenhausen (Suisse).

4. Caillou percé, peson de filet (G. N.). Lac de Neuchâtel (Suisse).

5. Filet en corde de lin (G. N.). Robenhausen (Suisse).

6. Fragment d'étoffe de lin (G. N.). Robenhausen (Suisse).

PÉRIODE NÉOLITHIQUE

ÉPOQUE CHASSÉO-ROBENHAUSIENNE

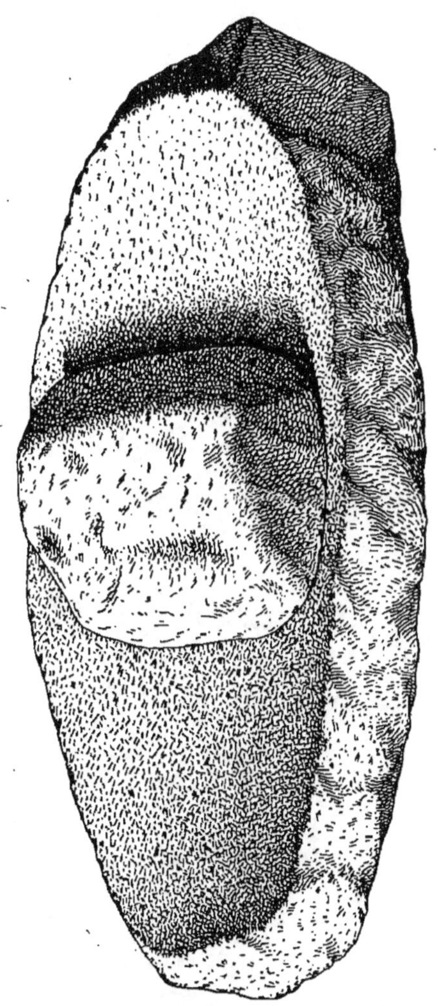

Grande meule dormante et molette en grès pour moudre les grains. Chassemy (Aisne). Récolte Tatté (1/4). Musée de Saint-Germain. — G. et A. de Mortillet. *(Musée préhistorique)*.

PÉRIODE NÉOLITHIQUE

ÉPOQUE CHASSÉO-ROBENHAUSIENNE

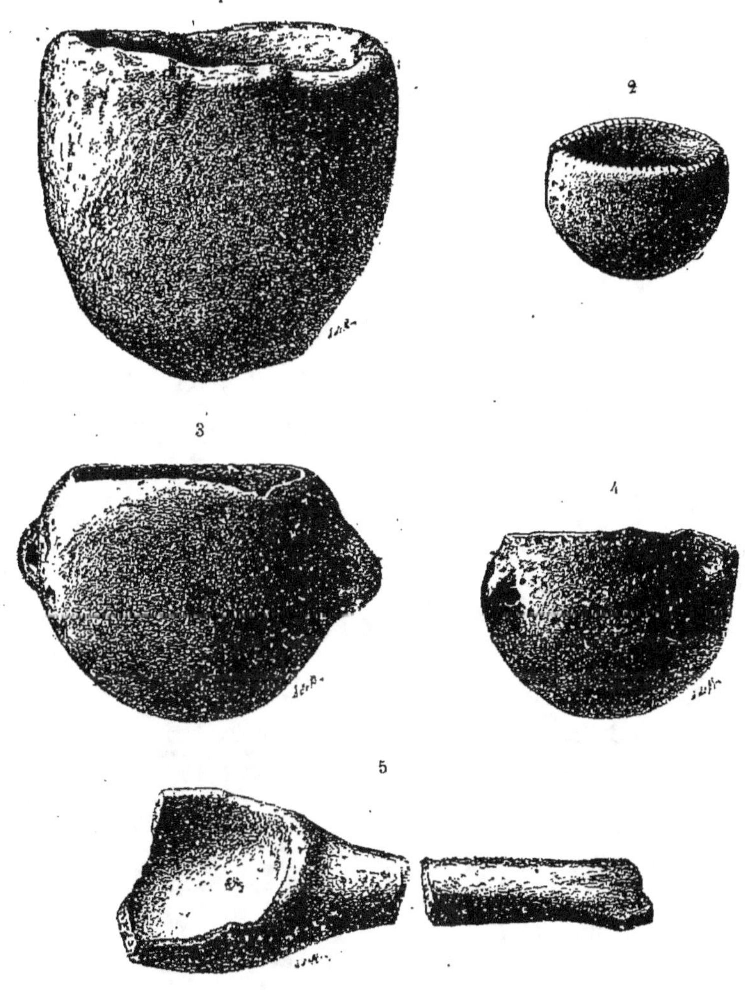

1. Vase de terre cuite. Saint-Moré (Yonne), grotte de Nermont,
couche néolithique inférieure. COLL. FICATIER (2/3).

2. 3. Vases de terre cuite. Saint-Moré (Yonne), grotte de Nermont,
couche néolithique moyenne. COLL. FICATIER (2/3).

4. Vase de terre cuite. Saint-Moré (Yonne), grotte de Nermont,
couche néolithique supérieure. COLL. FICATIER (2/3).

5. Cuillère de terre cuite. Saint-Moré (Yonne), grotte de Nermont,
couche néolithique supérieure. COLL. FICATIER (2/3).

PÉRIODE NÉOLITHIQUE

ÉPOQUE CARNACÉENNE

1. Deux menhirs. Bords du Rigganese, commune de Sartène (Corse).
Mission Adrien de Mortillet.

PÉRIODE NÉOLITHIQUE

ÉPOQUE CARNACÉENNE

Dolmen de Fontanaceda, commune de Sartène (Corse).
Mission Adrien de Mortillet.

PÉRIODE NÉOLITHIQUE

ÉPOQUE CARNACÉENNE

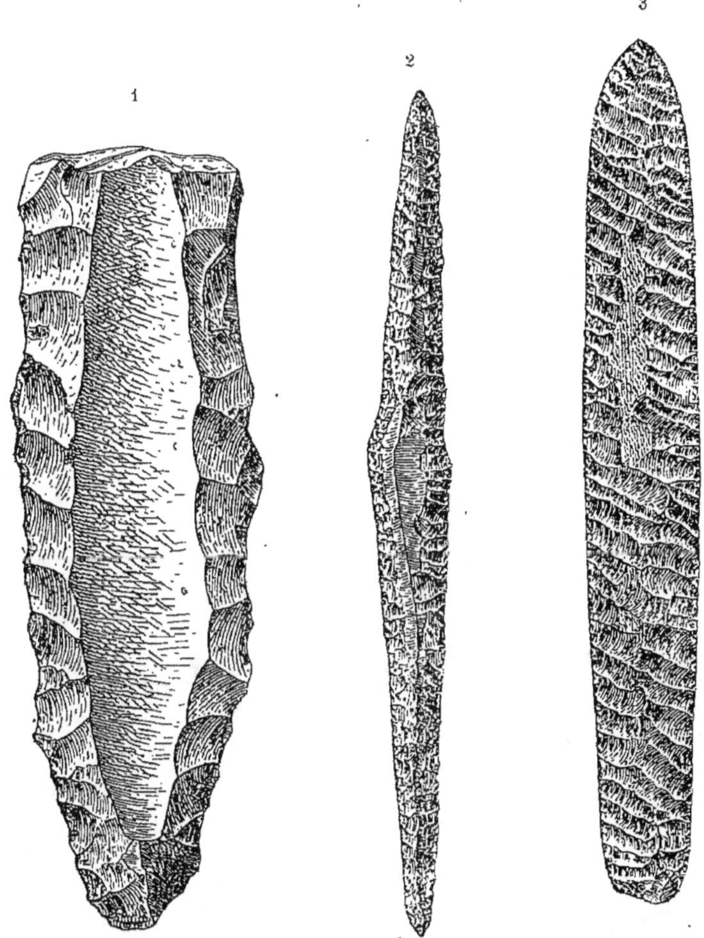

1. Nucléus de silex. Le Grand-Pressigny (Indre-et-Loire). Musée de Saint-Germain (1/3). —
G. et A. de Mortillet *(Musée préhistorique)*.

2. Poignard de silex. Pas-de-Grigny (Seine-et-Oise). Musée de Saint-Germain (1/2). —
G. et A. de Mortillet *(Musée préhistorique)*.

3. Pointe de lance de silex. La Motte, près de Soissons (Aisne).
Musée de Saint-Germain (1/2). — G. et A. de Mortillet *(Musée préhistorique)*.

PÉRIODE NÉOLITHIQUE
ÉPOQUE CARNACÉENNE

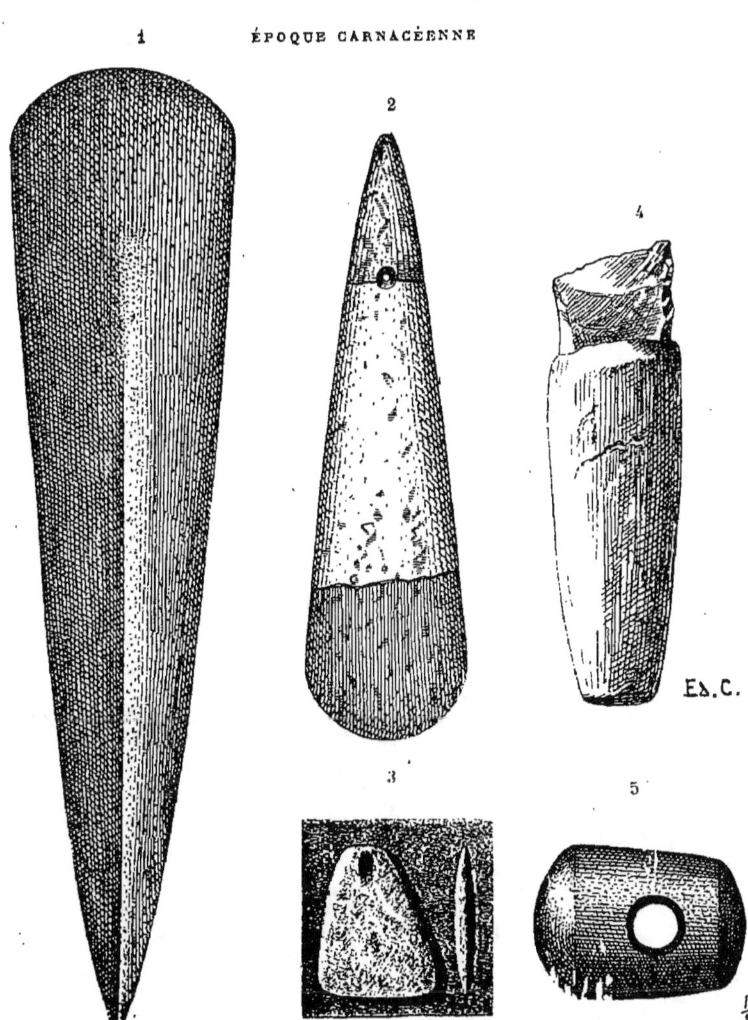

1. Grande hache polie en jadéite. Dolmen du Mané-er-Hoeck. Locmariaquer (Morbihan). Musée de Vannes (1/3). — G. et A. de Mortillet *(Musée préhistorique)*.

2. Hache polie de jadéite, percée d'un trou au sommet. Dolmen du Mané-er-Hoeck. Locmariaquer (Morbihan). Musée de Vannes (1/3). Cassée en trois morceaux intentionnellement. — G. et A. de Mortillet *(Musée préhistorique)*.

3. Petite hache en fibrolite percée d'un trou formé de deux cônes de perforation se rencontrant au sommet. Plédéliac (Côtes-du-Nord). — Coll. Lemoine (2/3).

4. Petit tranchet de silex emmanché. Montigny-l'Engrain (Aisne). Sépulture dolménique. Coll. Vauvillé (G.-N.).

5. Sommet de casse-tête de quartzite, percé d'un trou cylindrique (douille). Rockland Norfolk (Angleterre). — G. et A. de Mortillet *(Musée préhistorique)* (1/3).

PÉRIODE NÉOLITHIQUE

ÉPOQUE CARNACÉENNE

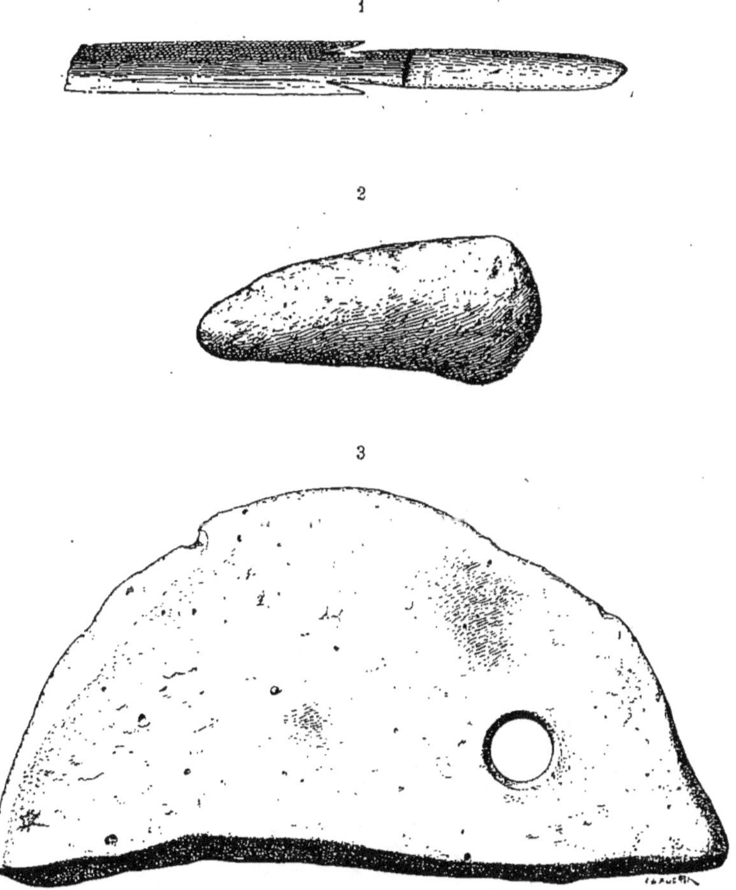

1. Fragment de sagaie barbelée en os. Crécy-en-Brie (Seine-et-Marne).
Sépulture dolménique. COLL. THIEULLEN (1/3).

2. Calcaire en forme de hache, recueilli parmi les objets du mobilier funéraire de la
sépulture dolménique de Crécy-en-Brie (Seine-et-Marne), COLL. THIEULLEN. (G.-N.).

3. Calcaire percé. Mêmes provenance et collection (1/3).

PÉRIODE NÉOLITHIQUE. — ÉPOQUE CARNACÉENNE

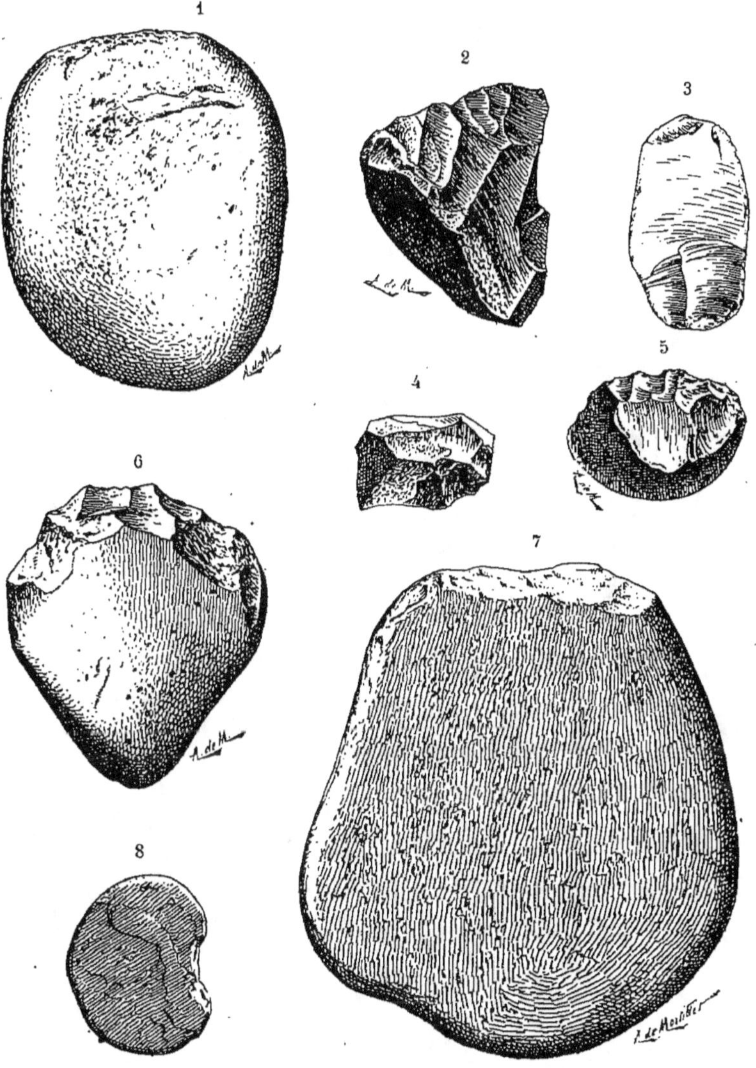

MOBILIER FUNÉRAIRE DES SÉPULTURES EN CISTES DE L'ILE DE THINIC, A PORTIVY,
EN SAINT-PIERRE-QUIBERON (MORBIHAN).

1. Percuteur, quartzite, caillou roulé.
2. Nucléus, silex, formé d'un caillou roulé.
3, 4. Eclats de silex avec croûte sans retouches.
5. Eclat de silex avec croûte, très sommairement retouché sur un côté.
6. Grès roulé, forme de hache, très sommairement taillé en biseau, à l'extrémité large.
7. Plaquette roulée de schiste verdâtre, très sommairement taillée en biseau, à l'extrémité étroite.
8. Plaquette roulée de schiste verdâtre, très sommairement taillée en biseau concave sur un côté, forme lunulée. Ces 8 objets (2/3).

PÉRIODE NÉOLITHIQUE

ÉPOQUE CARNACÉENNE

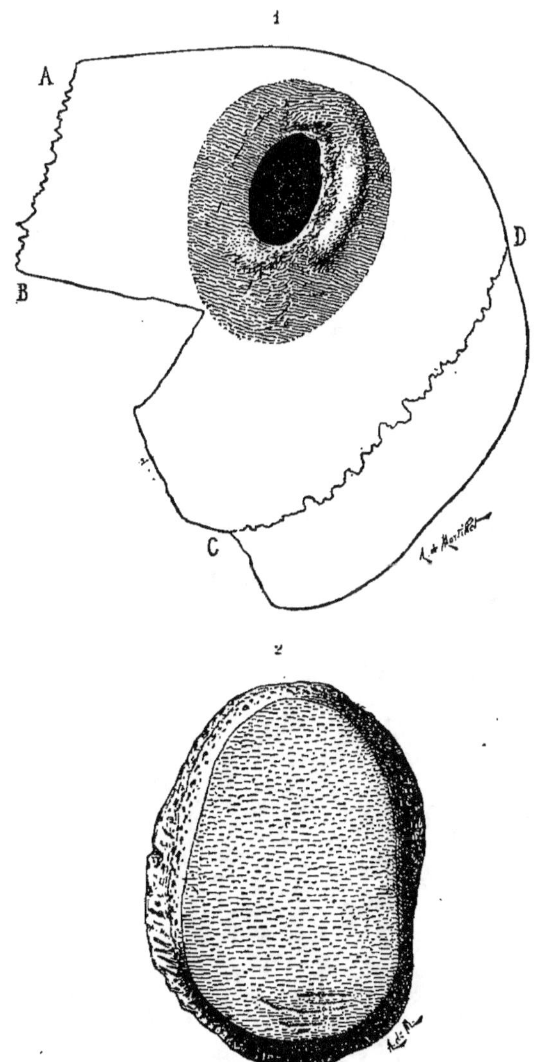

1. Fragment de crâne humain avec trépanation (1/2). Dolmen de Dampont (Seine-et-Oise).

2. Rondelle en os, extraite d'un crâne humain. La première amulette cranienne signalée. Dolmen des environs de Marvejols (Lozère). COLL. PRUNIÈRES (G.-N.). — G. et A. de Mortillet (*Musée préhistorique*).

PÉRIODE NÉOLITHIQUE

ÉPOQUE CARNACÉENNE

Pierre sculptée d'un dolmen. Collorgues (Gard). Coll. Louis Teste (1/10).

LYON — IMPRIMERIE PITRAT AÎNÉ, 4, RUE GENTIL, 4

38